Gaston Cadoux

L'Eclairage
à Paris, à Londres
et à Berlin

Étude

 Le code de la propriété intellectuelle du 1er juillet 1992 interdit en effet expressément la photocopie à usage collectif sans autorisation des ayants droit. Or, cette pratique s'est généralisée dans les établissements d'enseignement supérieur, provoquant une baisse brutale des achats de livres et de revues, au point que la possibilité même pour les auteurs de créer des œuvres nouvelles et de les faire éditer correctement est aujourd'hui menacée. En application de la loi du 11 mars 1957, il est interdit de reproduire intégralement ou partiellement le présent ouvrage, sur quelque support que ce soit, sans autorisation de l'Éditeur ou du Centre Français d'Exploitation du Droit de Copie , 20, rue Grands Augustins, 75006 Paris.

ISBN : 978-1718719767

10 9 8 7 6 5 4 3 2 1

Gaston Cadoux

L'Eclairage à Paris, à Londres et à Berlin

Étude

Table de Matières

Section I	7
Section II	14
Section III	28

Section I

Bien que certains fantaisistes aient soutenu le paradoxe que l'état de civilisation serait bien plus avancé si la terre restait plongée dans une incessante obscurité, nous croyons que, parmi tous les besoins créés par les nécessités de notre vie en société — ou par ses raffinements, — il en est peu de plus insatiable que le besoin de lumière artificielle. Pour se rendre compte de cette impérieuse nécessité il suffit de s'imaginer la perturbation que jetterait, dans la vie des habitants des villes, la privation, pendant quelques jours seulement, des moyens habituels de s'éclairer.

Les citadins, surtout ceux qui consument leur fébrile existence dans nos gigantesques métropoles actuelles, s'ils se montrent de plus en plus exigeants pour l'éclairage, public et privé, se rendent-ils généralement compte de la complexité des problèmes qu'il faut incessamment résoudre afin d'assurer, à toute heure, dans chaque maison comme dans chaque rue, sur la totalité des espaces énormes occupés par nos modernes agglomérations urbaines, cette prodigalité de lumière, aux meilleures conditions de prix, de commodité et de sécurité ? Qu'ils causent dans un élégant salon du boulevard Malesherbes, qu'ils discutent une affaire dans un confortable « office » de *Queen Victoria Street* ou qu'ils bavardent dans un cercle luxueux *Unter den Linden*, ils trouveraient fort extraordinaire qu'au moment précis où ils tourneront le robinet du bec de gaz ou le commutateur d'électricité, la lumière ne vînt pas docilement obéir, et, soit discrète et intime, soit éclatante et somptueuse, se prêter à tous les caprices de leur inlassable fantaisie. Nous voudrions essayer de montrer comment l'industrie réalise quotidiennement ce que nos grands-parents eussent considéré comme une sorte de miracle.

Sans vouloir exposer les divers aspects d'une aussi vaste question, qui a ses côtés techniques, ses côtés administratifs et ses côtés financiers, nous nous proposons d'indiquer le plus simple, ment qu'il se pourra, comme nous l'avons fait ici pour l'alimentation en eau de Paris et de Londres, quelles solutions ont été adoptées pour l'éclairage de Paris, de Londres et de Berlin, toutes trois capitales de premier rang, mais différentes par l'étendue, les mœurs et l'aspect. Tout en nous attachant à décrire surtout l'organisation de l'éclairage public, nous noterons aussi les particularités saillantes de l'éclairage privé dans ces grandes agglomérations urbaines de notre vieille Europe.

Les procédés dont, à défaut de la clarté du ciel, font maintenant usage les habitants des villes pour s'éclairer, collectivement ou individuellement, peuvent tous se ranger dans cinq types : les chandelles de suif, bougies de cire ou de stéarine, les huiles animales ou végétales, les huiles minérales, les gaz, enfin le courant électrique. En dépit d'intéressants essais, l'alcool, auquel nous croyons un certain avenir, ne peut encore être considéré comme moyen usuel d'éclairage.

Dans les grandes villes, où l'on n'a recours, en général, qu'aux trois derniers de ces procédés, les chandelles ne sont plus acceptées que dans les caves ou dans de rares postes de police, et les bougies stéariques sont réservées au boudoir ou au salon. De plus en plus, aussi bien sur la voie publique qu'à l'intérieur des habitations, on délaisse l'huile animale. L'huile de baleine, autrefois d'une consommation générale en Angleterre, n'y est plus guère qu'un souvenir évoqué dans les romances sentimentales. Il en est de même, à un degré moindre, de l'huile végétale, dont l'huile de colza constituait le type le plus connu du consommateur français et allemand. Les huiles minérales, auparavant consommées presque exclusivement par les classes pauvres, participent, depuis une quinzaine d'années surtout, à l'éclairage de luxe intérieur. L'huile de schiste se classait dans cette catégorie et sa production était encouragée en France par l'Etat ; mais elle a été supplantée par l'huile de pétrole épurée, qui est l'huile minérale presque uniquement consommée maintenant. Le pétrole nous est fourni par la Russie, l'Amérique du Nord et les Indes néerlandaises ; mais des gisements, plus ou moins importants, existent en maints endroits : en Roumanie, voire en France ; ils y seront peut-être régulièrement exploités plus tard.

Le gaz produit par la distillation de la houille fut longtemps le seul destiné à l'éclairage ; mais, à côté de lui, plusieurs autres gaz d'éclairage prennent place maintenant :

Le gaz à l'eau, obtenu par la décomposition de l'eau en présence du coke ou du charbon de terre en ignition, est déjà mélangé en proportions plus ou moins considérables au gaz de houille dans plusieurs usines d'Angleterre, d'Allemagne, de Belgique etc. On ne l'a pas admis à Paris par crainte de sa toxicité, car il contient de 15 à 30 pour 100 d'oxyde de carbone.

L'acétylène est obtenu en décomposant par l'eau le carbure de calcium. Ce corps coûtait autrefois fort cher ; mais, grâce à MM. Moissan et Bullier, qui ont inventé un procédé de fabrication industrielle consistant à fondre, dans un four électrique, un mélange de chaux et de charbon pulvérisés, on fabrique le précieux carbure maintenant à très bas prix. L'odeur alliacée de ce gaz et les craintes d'explosion des récipients où il se forme ont nui à sa vulgarisation ; mais il est déjà très employé.

Le gaz riche est fourni par l'ampélite, le *boghead*, le *cannel coal*, les schistes bitumineux ou les lignites d'Allemagne. On peut également le préparer à l'aide du bois ou de la tourbe, calcinés en vase clos à haute température. A part d'assez rares exceptions, il n'est pas livré directement aux consommateurs ; on n'en fait généralement usage que pour enrichir le gaz de houille distillé d'après les procédés ordinaires.

Le gaz à l'air, qui n'a pas jusqu'à présent été fabriqué en grand, n'est que de l'air sec saturé de gazoline ou d'essence de pétrole. Son faible pouvoir éclairant et la nécessité de ne jamais exposer les conduites où il circule à des températures inférieures à + 16 ou 18 degrés pour éviter sa décomposition, rendent son emploi restreint sous nos climats.

L'invention d'un Autrichien, le docteur Auer von Welsbach, a complètement transformé le rôle des gaz d'éclairage ; elle permet de négliger presque complètement leur pouvoir éclairant.

Quand, en brûlant du gaz de houille, on fait pénétrer de l'air en tous les points de la flamme, on consume la totalité de ses particules de carbone, et elle est alors presque incolore. De blanche et lumineuse, elle devient bleuâtre, comme la flamme produite par l'alcool ; mais elle possède ainsi un pouvoir calorifique bien supérieur à la flamme blanche. Un corps solide mis dans cette flamme, s'il résiste et ne fond pas, devient lumineux par incandescence, généralement à partir de 500 degrés. On atteint, par des dosages d'air et de gaz appropriés, des températures de 1 500 et même de

2 000 degrés. L'inventeur autrichien, après beaucoup d'autres qui avaient essayé de trouver des substances restant lumineuses dans ces flammes sans se fondre ni se volatiliser, a réussi à réaliser un mélange d'oxydes infusibles, très lumineux, résistants et devenant incandescents à une température ne détruisant ni les brûleurs ni les cheminées de verre. Ces oxydes sont ceux de thorium, de cérium, de lanthane et de didyme, qu'on extrait de sels contenus dans certains sables ou dans des terres, assez rares au début, mais qu'on se procure plus aisément depuis qu'on les reconnaît utilisables. On fixe ces oxydes sur un canevas en cellulose, et le manchon ainsi constitué, qui est la source de lumière, possède, en utilisant du gaz d'un grand pouvoir calorifique, mais sans pouvoir éclairant, une intensité lumineuse considérable.

Cette application de l'incandescence est venue à point permettre à l'industrie gazière de lutter contre la menaçante concurrence de l'électricité et parer à l'épuisement prochain des gisements européens de *boghead* et de *cannel coal*.

Le courant électrique n'a réussi, pendant longtemps, qu'à créer des foyers de lumière utilisables seulement pour de vastes espaces. Mais il peut, à présent, grâce aux lampes à arc de puissance réduite, assurer l'éclairage des voies publiques sans blesser les yeux ; et, grâce à l'invention d'Edison (l'ampoule de verre isolant dans le vide un filament de carbone que le courant électrique rend lumineux par incandescence), il se prête, avec une merveilleuse souplesse, à toutes les combinaisons nécessitées par l'éclairage des locaux habités : manufactures, bureaux et appartements.

Il est intéressant de constater que plus les procédés de production de la lumière se perfectionnent, plus la dépense de l'éclairage s'abaisse. L'électricité n'est qu'une exception temporaire à cette règle. On réussira à en diminuer très sensiblement le prix ; à Paris, s'il reste encore plus élevé, comparativement, que celui du gaz, il y est déjà beaucoup moindre qu'il y a quinze à vingt ans.

Pour l'éclairage, comme pour tous les actes accomplis en vue de satisfaire les besoins quotidiens de notre vie matérielle, la dépense reste un élément capital, surtout lorsqu'il s'agit d'éclairer — illuminer serait plus exact — avec le luxe actuel, des capitales de deux à trois millions d'habitants. Ces appréciations de prix sont toujours délicates ; on peut néanmoins fixer les idées par quelques chiffres.

Nous supposons qu'on consomme les matières d'une bonne qualité moyenne les plus facilement obtenues pour l'éclairage, et nous admettons également qu'elles sont brûlées sous des volumes et à l'aide d'appareils assurant leur bonne utilisation. Ceci posé, quelle sera la dépense, d'une heure d'éclairage, avec les divers modes actuellement usités ?

Pour fournir une réponse à cette question, il nous faut adopter, pour la mensuration de nos différents foyers lumineux, un étalon fixe.

Nous prendrons, comme mesure photométrique commune, à défaut de la vieille lampe Carcel brûlant quarante-deux grammes d'huile de colza épurée à l'heure (c'est l'étalon que les physiciens ont dénommé le carcel), un bec de gaz Bengel brûlant cent cinq litres à l'heure et qui nous donnera la même intensité lumineuse. Nous obtiendrons ainsi le *carcel-heure*, représentant la lumière émise par ce bec pendant une heure.

Une bougie stéarique de bonne qualité ne nous donnera qu'un huitième de carcel ; pour obtenir un carcel-heure, il nous faudra allumer à la fois huit bougies et dépenser de 25 à 30 centimes.

Pour l'huile végétale, la dépense variera de 48 millimes au minimum à 9 centimes, suivant la perfection de la lampe, et indépendamment de la dépense d'achat et d'entretien de cette lampe. Nous ne parlons toujours que des frais de consommation et non de ceux de premier établissement et d'entretien.

Le carcel-heure, avec l'huile de pétrole épurée, grâce aux perfectionnements des lampes, coûterait actuellement entre 2 centimes trois quarts et 3 centimes et demi, suivant la nature des brûleurs employés ; il coûtait 46 millimes à 5 centimes il y a vingt-cinq ans.

Nous savons déjà que, pour obtenir un carcel-heure du gaz de houille, au moyen d'un bec d'Argand à vingt trous — dit Bengel — il faut consommer cent cinq litres de gaz. Il en résulte qu'à Paris, où le mètre cube de gaz coûte, depuis le 1er janvier 1903, 20 centimes aux particuliers et, pour l'éclairage public, 45 centimes à la ville, le carcel-heure revient, suivant le cas, à 21 millimes ou à quinze millimes trois quarts.[1] Quel que soit le nouveau régime que

---

1 Le gaz coule le mètre cube, aux particuliers comme aux municipalités, de 0 fr.

le Conseil municipal de Paris adoptera, nous ne croyons pas à un abaissement très notable de ces prix.

Mais ils ne sont, en quelque sorte, que théoriques, car en pratique courante, grâce aux perfectionnements des appareils à gaz et surtout à l'emploi de l'incandescence, on réussit à les abaisser de 25, 30 et même 33 pour 100.

Ajoutons encore que les divers prix que nous venons d'indiquer pour les différents modes d'éclairage, valables comme indications générales, varieraient légèrement, en France et à l'étranger, suivant les cours des matières employées ou les charges fiscales mises sur les pétroles, le gaz et l'électricité, d'une localité à une autre.

Pour l'électricité, on admet que la dépense de consommation est, suivant les lieux, de 20 à 40 pour 100 supérieure actuellement à celle nécessitée pour le même éclairage au gaz, alors que l'écart était, au début, de près de 100 pour 100.

A Paris, l'hecto-watt de courant électrique coûte actuellement de 9 et demi à 13 centimes au public ; il ne coûte que de 4 à 7 centimes à Londres, où le prix maximum légal est de 8 centimes ; à Berlin il coûte, pour l'éclairage, 5 pfennigs et demi, soit 6 centimes 875, et seulement 1 pfennig 6 pour les usages industriels, soit le prix extrêmement minime de 2 centimes. C'est ce dernier prix que paye la municipalité de Berlin, pour l'éclairage de la ville. Les gros consommateurs berlinois sont, en outre, favorisés de rabais proportionnels aux quantités facturées annuellement. Pour la lumière, les rabais sont de 5 à 25 pour 100 ; ils sont de 5 à 20 pour 100 pour la force motrice.

Nos tarifs d'Europe, sauf peut-être ceux de Berlin, sont en général plus élevés que ceux pratiqués au Canada et aux Etats-Unis. L'application de l'énergie électrique à l'industrie et à l'éclairage s'y est développée sur une échelle grandiose parce que cette énergie a pu s'engendrer, dès ses débuts, non seulement par le moyen coûteux de la vapeur, mais encore par la force hydraulique, gratuite, inépuisable, et d'une abondance exceptionnelle sur certains points de l'Amérique du Nord. Mais nos ingénieurs d'Europe commencent à savoir également tirer parti de nos cours ou de nos chutes d'eau.

---

091 à 0 fr. 16 centimes à Londres. Il coûte de 18 à 20 pfennigs (0 fr. 225 à 0 fr. 25 centimes) le mètre cube aux particuliers à Berlin ; pour l'éclairage public, il revient à cette ville, qui s'éclaire par ses propres usines, à 0 fr. 11875 le mètre cube.

Sans pouvoir jamais rivaliser avec les usines des *Niagara Falls* ou des autres cascades gigantesques formées par les rivières qui relient les grands lacs Nord-Américains, ils ont déjà, à Genève, à Lyon, en Savoie, dans la Vienne, dans l'Isère, dans la Corrèze, édifié de remarquables installations électrogènes. Une des plus parfaites transmet une force de 18 000 chevaux, sous une tension de 20 000 volts, à une distance de 80 kilomètres, avec un rendement final de 75 pour 100, ce qui paraissait irréalisable il y a dix ans.

Le principal obstacle à la généralisation de cette production hydraulique résidait précisément dans l'énorme perte de courant qu'on subissait en route, quand on transportait à de grandes distances l'électricité produite à bas prix, en montagne ou sur un barrage, au moyen de dynamos actionnées presque gratuitement par les forces naturelles. Mais les hautes tensions et l'emploi des courants alternatifs semblent avoir fourni une solution déjà très satisfaisante de ce double problème de physique et de mécanique appliquées. C'est ainsi que les usines de Sierras, par exemple, amènent actuellement aune distance de 390 kilomètres à San-Francisco, le courant électrique avec une perte, relativement minime, de 25 pour 100, de la force initiale engendrée par les dynamos.

D'aussi remarquables résultats peuvent nous faire espérer qu'avant peu nos ingénieurs réussiront à distribuer en Europe la lumière électrique — et la force — à des prix assez bas pour que le grand public ait la possibilité de faire usage de l'électricité comme moyen courant d'éclairage.

Le jour n'est peut-être plus éloigné où Paris recevra, à des prix infimes, du courant électrique de moulins de mer, utilisant la puissance infinie des marées, ou d'usines alpestres, auvergnates ou cévenoles, exploitant des forces hydrauliques, restées jusqu'à nos jours sans emploi.

Dans un autre ordre d'idées, contrairement à ce que s'imaginent certaines personnes, les industries gazières n'ont nullement dit leur dernier mot. Sans parler de l'avenir de l'acétylène, si la fabrication du gaz de houille, de progrès en progrès, semble proche de la perfection, son emploi reste certainement encore susceptible de grands perfectionnements.

On arrivera à le mélanger, sans danger d'explosion ou d'intoxication, au gaz à l'eau, aux vapeurs d'huiles lourdes, à l'air et à l'oxygène ; à consommer ces diverses combinaisons de gaz sous des pressions en assurant une complète utilisation ; à rendre les manchons à incandescence mieux gradués, moins fragiles et plus lumineux. Pouvant négliger le pouvoir éclairant, on assurera un pouvoir calorifique très supérieur à ce nouveau gaz et, par l'incandescence, on en tirera pour l'éclairage un meilleur rendement, tout en dépensant sensiblement moins qu'actuellement.

Telles sont, résumées et dans leurs grandes lignes, les situations prises aujourd'hui et les chances immédiates d'avenir des divers procédés d'éclairage.

Envisageons à présent les résultats acquis par chacun d'eux pour le service public et pour le service privé à Paris, à Londres et à Berlin.

Section II

L'éclairage privé à Paris est généralement assuré par l'huile végétale, par l'huile de pétrole, par le gaz et par l'électricité ; mais c'est le gaz qui a conservé le rôle principal.

Le prix de la lumière obtenue avec les lampes à huile végétale revient à peu près de 30 à 35 millimes par lampe et par heure, suivant la nature des appareils.

A une époque où la canalisation du gaz ne desservait pas encore toutes les rues, la municipalité avait à entretenir des réverbères à huile. La lampe coûtait, non compris la lanterne à poulie où elle était placée, 22 francs pour les appareils à becs plats avec double réflecteur, 40 francs pour les lampes à becs ronds Bordier avec double réflecteur. L'entretien et l'allumage coûtaient par jour, pour une moyenne de dix heures, sur la voie publique : les becs plats 25 centimes, pour la faible lumière de 16 dixièmes de carcel ; les becs ronds 47 centimes pour un peu moins d'un demi-carcel. Cet éclairage fallacieux fut un peu amélioré avec les lampes à pétrole, dont chaque bec coûtait, pour dix heures de fonctionnement, environ 46 centimes. L'intensité lumineuse était alors de huit dixièmes de carcel par appareil.

Actuellement la Ville de Paris dépense encore annuellement

40 500 francs pour l'éclairage à l'huile de la voie publique (215 lampes) et d'établissements municipaux. Sur la voie publique, ce qui nous semble excessif, la dépense est de 20 000 francs de fourniture d'huile et de 12 000 francs d'entretien. Dans les édifices ou établissements municipaux, la fourniture d'huile n'est que de 6 000 francs ; maison consacre encore 2 500 francs à l'entretien des appareils.

La dépense de consommation du pétrole, comme celle de l'huile de colza ou du gaz, dépend beaucoup de la grosseur et de la forme des brûleurs. Ainsi certaines lampes perfectionnées, admises à présent pour l'éclairage de luxe, qui consomment 85 grammes de pétrole à l'heure, fournissent une intensité de 3 carcels et demi, c'est-à-dire supérieure au pouvoir éclairant de quatre lampes des anciens modèles, mal odorantes, et consommant chacune 35 grammes de pétrole. On évalue à 450 000 hectolitres la quantité d'huile de pétrole et dérivés consommée chaque année par les Parisiens.

La mode règle presque toutes nos habitudes et l'éclairage a subi la mode. Tout d'abord, ni le pétrole ni le gaz n'étaient admis dans les appartements aisés et élégants. Les salons, les salles à manger et les chambres à coucher des Parisiens ne connaissaient, avant 1870, que la lampe modérateur, à huile végétale, ou la bougie de stéarine. Petit à petit, le gaz a conquis droit de cité dans les cuisines, les couloirs, les antichambres ; avec l'incandescence il s'est finalement installé dans les salles à manger et même dans certains salons où l'on a, depuis une quinzaine d'années, admis également le pétrole grâce aux progrès réalisés dans la construction des lampes. Mais, depuis 1890 surtout, l'éclairage électrique a pris, dans les installations de luxe, commerciales ou particulières, un développement considérable que nous noterons tout à l'heure.

C'est néanmoins le gaz qui garde encore le premier rang dans les moyens d'éclairage de la maison comme de la voie publique à Paris. L'industrie ; du gaz, qui s'y est perfectionnée plus qu'on ne le croit généralement, y constitue un monopole, exploité par la Compagnie parisienne, dont le contrat expirera à la fin de 1905. Elle y est centralisée depuis 1855.

La Compagnie, au compte du budget communal, assure l'entretien des appareils posés par la Ville et leur consommation. Son rôle consiste exclusivement à fabriquer et à distribuer le gaz de houille ; les termes de son contrat interdisent explicitement la fabrication de tout autre gaz, si une autorisation spéciale et préalable n'a pas été obtenue des pouvoirs municipaux.

Afin de faciliter la comparaison avec les industries gazières de Londres, nous n'envisagerons pas la seule distribution du gaz dans l'intérieur de l'enceinte qui enferme Paris ; nous ferons entrer en ligne de compte les quanti les de gaz consommées hors Paris, dans les communes du département de la Seine et de Seine-et-Oise, desservies par la canalisation de la Compagnie parisienne.

La tâche de cette Compagnie se borne donc, pour le moment, à extraire, le plus économiquement possible, le gaz contenu dans diverses sortes de charbon de terre ; à le débarrasser des matières nuisibles à son pouvoir éclairant, aux personnes ou aux ameublements ; puis à le livrer aux consommateurs. Les diverses opérations, — les mêmes dans toutes les exploitations de gaz, — consistent : dans l'achat des houilles convenables ; dans leur distillation ; dans l'épuration mécanique et chimique des gaz distillés ; dans l'emmagasinement du gaz épuré ; dans sa distribution à ses abonnés ou dans les appareils d'éclairage public ; et finalement, dans l'écoulement des sous-produits, coke, goudron, etc.

Au point de vue de l'éclairage, les deux phases de la fabrication les plus importantes sont la distillation et l'épuration, parce que c'est d'elles que dépendent, en grande partie, le pouvoir éclairant et la pureté du gaz, qualités que la municipalité parisienne fait contrôler par les ingénieurs de la Ville et les agents techniques sous leurs ordres.

Au point de vue économique, c'est, avec l'achat des charbons, la distillation qui a l'influence la plus considérable. Aussi la Compagnie parisienne a-t-elle une petite usine expérimentale dans laquelle sont étudiées de près, par de véritables savants, toutes les questions techniques de son exploitation, et notamment la qualité des houilles à acquérir.

En dehors de ce laboratoire, d'où sont sortis d'intéressants travaux, elle possède neuf usines, pouvant mettre en action 886 fours ; fours ordinaires, à gazogène ou à récupérateurs, contenant ensemble 6 710 cornues de distillation. C'est l'ensemble le plus important de l'Europe réalisé par une seule compagnie. En 1902, année qui représente assez bien la puissance normale de fabrication de cet outillage, les matières premières distillées ont atteint 1 081 600 000 kilogrammes de houilles diverses, qui ont produit 335 442 000 mètres cubes de gaz. Le rendement a été de 310m3,13 pour une tonne métrique de houille distillée, ce qui constitue un résultat un peu au-dessus de la moyenne des usines analogues, françaises ou étrangères.

Les approvisionnements de houille constitués par la Compagnie parisienne ont varié chaque mois ; ils ont été de 243 850 tonnes au 1er octobre, mois le plus chargé, et de 180 349 tonnes au 1er mai, mois où les quantités en chantier ou en cours de route ont été les plus réduites. Il faut, pour passer de tels marchés avec les diverses mines, avoir un sens commercial très sûr et des agents d'une grande habileté.

Ces énormes quantités de charbon se répartissent inégalement entre les neuf usines à gaz, dont cinq sont situées dans Paris : celles de la Villette, de la barrière de Saint-Mandé, de Vaugirard, d'Ivry et de Passy ; et quatre hors Paris : à Clichy, à Saint-Denis (au Landit), à Boulogne et à Maisons-Alfort. L'usine de Clichy a distillé en 1902 près de 309 000 tonnes de charbon, dont 2 342 tonnes de *cannel-coat*, tandis que l'usine de Maisons-Alfort n'a distillé que 19 558 tonnes ; mais cette dernière les a supérieurement distillées, car elle en a tiré 6 224 600 mètres cubes de gaz, soit presque 31 mètres cubes et demi par cent kilos, alors que les bons rendements moyens ne dépassent pas 30 mètres cubes. Le choix des houilles a, spécialement pour Paris, où le pouvoir éclairant du gaz doit être obtenu sans enrichissement autre que l'adjonction aux charbons ordinaires de *boghead* ou de *cannel-coat*, une grande importance. Ces deux types de houille, qui deviennent rares, sont extrêmement riches en gaz d'un pouvoir éclairant élevé. Comparativement à la houille commune, le premier a un rendement supérieur d'environ un tiers et produit un gaz d'un pouvoir éclairant presque double ; le second distille un gaz quatre fois plus éclairant et deux fois et demie plus considérable en volume. Pour obtenir, par de savants mélanges de houille dans les cornues ou de gaz dans les gazomètres, la qualité moyenne exigible, la surveillance des usines doit être de tous les instants. Il faut, dans le choix des houilles, ne s'attacher qu'à celles qui, tout en produisant les composés les mieux équilibrés d'hydrogènes carbonés, contiennent peu de sulfures et ne dégagent pas trop d'acide carbonique ou d'ammoniaque. Enfin il est nécessaire que les houilles choisies produisent divers résidus, notamment de bon coke, en grande quantité, ces résidus entrant pour une part considérable dans les bénéfices des exploitations gazières.

Mais si, pour ne pas subir les fluctuations du marché, on doit constituer des stocks gigantesques, il importe aussi que la houille à gaz ne soit ni de trop vieille extraction, ni exposée à l'air pu à la pluie. Dix pour 100 d'eau dans la houille à distiller non seulement affaiblit sensiblement le pouvoir éclairant du gaz, mais en diminue la production de 25 à 30 pour 100.

On voit quelles conditions multiples et parfois contradictoires il faut remplir pour les approvisionnements de charbon des usines à gaz. Elles sont particulièrement difficiles à réaliser à Paris.

Ces difficultés surmontées, il faut produire le gaz en quantités suffisantes pour la consommation diurne et nocturne de chaque jour, consommation qui varie d'une semaine à l'autre, et épurer le produit des cornues de distillation.

On admet que 100 kilogrammes d'un bon mélange de houille à longue flamme, distillée à une température convenable, produisent en moyenne 76 kilos et demi de coke, 10 kilos et demi de goudron, 7 litres d'eaux ammoniacales et 30 mètres cubes de gaz. Mais ce gaz, non épuré, doit subir, avant d'être emmagasiné dans les immenses cloches des gazomètres, une série d'opérations physiques et chimiques en vue d'en éliminer les corps étrangers, sans toutefois affaiblir le volume ou le pouvoir éclairant du gaz conservé.

La liste des produits obtenus par la distillation de la houille est trop longue pour que nous la produisions ici ; il y en a plus de 50. En nous en tenant aux principaux, nous distinguerons les gaz combustibles, les gaz incombustibles et les vapeurs. Les premiers sont les hydrogènes carbonés, les oxydes de carbone et l'hydrogène ; les gaz incombustibles sont : l'acide carbonique, l'ammoniaque et l'acide sulfhydrique ; les vapeurs sont colles des hydrocarbures formant du goudron, de l'eau, des sels ammoniacaux, des sulfures et des cyanures.

Ces opérations d'épuration et d'élimination sont coûteuses ; aussi sont-elles une des parties les plus délicates d'une grande exploitation.

A Paris, c'est le préfet de la Seine, agissant comme maire de la Ville, qui est chargé de vérifier le pouvoir éclairant et le degré d'épuration du gaz. Le service municipal de l'éclairage, dirigé par des ingénieurs des ponts et chaussées, est outillé en conséquence. La fabrication en grand du gaz, tel qu'il est exigible d'après son contrat par la Ville de Paris, a été étudiée en vue de ces vérifications par deux illustres chimistes, Dumas et Regnault. Ces savants ont considéré que, avec les houilles généralement employées (celles de Belgique, des départements du Nord et du Pas-de-Calais), la purification est suffisante lorsqu'un courant de gaz ne noircit plus une bande de papier non collé, préalablement imbibée d'une solution d'acétate neutre de plomb. Ce résultat indique l'absence dans le gaz d'acide sulfhydrique. L'épreuve a lieu journellement, en même temps que le contrôle du pouvoir éclairant effectué par la méthode photométrique de Dumas et Regnault, prescrite par le traité de concession.

Ces vérifications peuvent être considérées comme suffisantes actuellement, parce que l'intérêt de la Compagnie parisienne est d'avoir une bonne condensation, qui empêche les dépôts susceptibles d'obstruer sa canalisation ; mais elles devraient être complétées dans l'intérêt des consommateurs, si, comme il en est précisément question, la future exploitation était assurée directement, en régie, par les services municipaux, moins facilement contrôlables par le public que ne l'est aujourd'hui la Compagnie par les ingénieurs de la Ville de Paris.[1]

Au sortir des appareils d'épuration, le gaz passe par un compteur, qui enregistre le nombre de mètres cubes fabriqués, puis il va s'emmagasiner dans les gazomètres. Ces appareils se composent essentiellement d'une cuve cylindrique pleine d'eau dans laquelle plonge une cloche, guidée et maintenue par une charpente métallique ; un tuyau y introduit le gaz venant de l'usine, tandis qu'un autre laisse s'échapper celui qu'il faut envoyer dans la canalisation, après lui

---

[1] Au point de vue du pouvoir éclairant, MM. Brissac et de Mont-Serrat, dans leur traité *le Gaz et ses applications*, estiment que le gaz de Londres est supérieur de 5,3 pour 100 à celui de Paris, tandis que celui de Berlin lui serait inférieur de 6 pour 100.

avoir donné les pressions convenables.

Au 31 décembre 1902, la longueur de l'ensemble de la canalisation du gaz à Paris s'élevait à 2 534 517 mètres, dont 895 796 mètres desservaient la zone ancienne ou le vieux Paris, 776 203 mètres la zone annexée en 1860, et 862 518 mètres la zone extérieure. Cette immense quantité de tuyaux, dont le diamètre varie de 27 millimètres à un mètre, se subdivisait en 43 790 mètres de conduites en plomb ; 107 880 mètres de conduites en fonte ; et 2 382 847 mètres de tuyaux en tôle bitumée. Les grosseurs les plus employées sont du diamètre de 0m, 108 (il y en a 1 013 kilomètres) et de 0m, 081, dont il y a 678 kilomètres. La canalisation établie dans Paris, qui doit faire retour à la Ville à l'expiration de la concession, est évaluée à plus de 40 millions de francs.

Le développement superficiel de ce réseau de conduites était, au 1er janvier 1903, de 817 678 mètres carrés dans Paris et de 334 733 mètres hors des fortifications.

L'utilisation de cette canalisation est fort différente si l'on considère séparément chacune des zones desservies. Dans le vieux Paris, il avait été consommé, par mètre courant de conduite, 218 mètres cubes de gaz en 1902 ; pendant la même année, la consommation dans la zone annexée n'a été que de 121 mètres cubes ; et elle s'est élevée seulement à 34 mètres cubes et demi dans la zone extérieure, qui comprend les communes du département de la Seine et une douzaine de celles de la partie du département de Seine-et-Oise, à l'Ouest et au Nord-Ouest de la Seine.

Le gaz circule dans ce gigantesque réseau, sous une pression modérée (le minimum est de 20 millimètres d'eau), mais qui, néanmoins, facilite les fuites dès qu'un point n'est plus parfaitement étanche ou que, pour un motif quelconque, une fissure se produit : Le voisinage des câbles électriques, quand leur isolement laisse à désirer, a ajouté, à toutes les causes de détérioration dont sont menacées les conduites de gaz dans un sous-sol aussi machiné que celui de Paris, un motif inattendu de perforation : par électrolyse.

Nous avons pu voir des tuyaux de fonte et de tôle bitumée percés, par les courants dérivés des câbles électriques, d'une multitude de pertuis : quelques-uns fins comme s'ils avaient été faits à l'aide d'une pointe d'aiguille, d'autres larges comme une pièce de monnaie. Les fuites ont, entre autres fâcheux effets, celui d'asphyxier les arbres des promenades à proximité desquels elles se produisaient.

La perte de gaz a été, en 1902, de 16 092 000 mètres cubes, soit 4,79 pour 100 de la quantité lancée dans la canalisation ; par mètre courant de conduite, cette perte a été, pour la totalité du réseau, de 6m 3,34. Ce sont là des proportions peu considérables, eu égard à l'ancienneté de certaines conduites, et ces déperditions sont analogues à celles des autres grands réseaux urbains.

Au cours de l'année 1902, les usines ont émis au total 335 418 788 mètres cubes de gaz, dont 127 144 330 mètres cubes ont été émis de jour et le surplus de nuit. Le gaz livré pendant la journée représente plus du tiers du total consommé ; il a été, en 1901, de 36,79 pour 100 de l'émission totale et en 1902, de près de 38 pour 100. Une partie importante de cette émission diurne est destinée aux moteurs industriels, à la cuisine ou au chauffage ; très peu est employé à l'éclairage.

Depuis 1887, la Compagnie délivre gratuitement des fourneaux à gaz aux abonnés qui en font la demande. Cette mesure a vulgarisé l'emploi du gaz pour la cuisine. A la fin de 1887, il n'y avait que 2 200 fourneaux en service ; en 1895, il y en avait 214 000, et il y en a actuellement 380 000 environ.

Les moteurs à gaz, au nombre de 3 527 en 1903, représentent une force équivalente à 16 581 chevaux-vapeur.

Nous n'avons pas à insister sur cette utilisation du gaz au chauffage ou à la force motrice, qui ne rentre pas dans le cadre de notre étude ; il suffit de les mentionner. Le nombre total d'abonnés au gaz en 1903 était à Paris de 491 193, et seulement de 36 542 hors Paris.

Pour l'éclairage privé, ces abonnés utilisaient 2 011 250 becs dans Paris et 199 325 dans les communes de la Seine et de Seine-et-Oise.

Depuis 1894, les abonnés habitant des logements d'un loyer annuel inférieur à 500 francs sont exonérés des frais de location des compteurs et d'entretien, qui, avant cette convention, frappaient tous les consommateurs de gaz et pesaient lourdement surtout sur les petits consommateurs. Il y a 188 741 abonnés exonérés à présent de ces frais accessoires, c'est-à-dire payant le gaz net 20 centimes le mètre cube depuis le 1er janvier 1903.

Il est curieux de constater qu'un très grand nombre des maisons parisiennes n'a pas de conduites de gaz.

Sur un peu plus de 80 000 maisons, le nombre des conduites montantes n'était, en 1903 que de 51 060, réparties dans 38 800 maisons ; c'est-à-dire que plus de la moitié des maisons n'en possédaient pas encore.

La consommation totale de 1902 a été de 319 327 000 mètres cubes de gaz ayant produit une recette (au tarif de 30 centimes le mètre pour les particuliers et de 15 centimes pour la Ville) de 88 740 823 francs. En dehors du gaz, par la vente des produits accessoires, la Compagnie parisienne encaisse d'autres recettes ; la totalité de ses ventes a atteint 112 006 000 francs, dont elle a dû abandonner 10 591 900 francs pour la part de la Ville de Paris dans ses bénéfices et pour le droit d'octroi de 2 centimes par mètre cube consommé, suivant les stipulations de son traité. Des charges fiscales aussi lourdes n'existent ni à Londres ni à Berlin ; mais le budget de Paris en a certainement besoin.

Les Parisiens, qui ont brûlé, sur ces quantités, environ 289 538 000 mètres cubes de gaz dont 43 735 090 pour l'éclairage public, en 1902, sont-ils bien éclairés ?

Depuis l'adoption de l'incandescence, on peut affirmer que Paris, qui s'était laissé dépasser pour l'éclairage des voies publiques par Berlin, Hambourg, Liverpool et Edimbourg, a repris le premier rang.

Nulle part la lumière n'est aussi également distribuée, et l'observateur impartial n'y peut constater ces écarts énormes qui existent entre les différentes parties de beaucoup d'autres grandes villes, où les quartiers excentriques sont parfois à peine éclairés, alors que la partie luxueuse a le plus brillant aspect. Si une critique pouvait être adressée à l'éclairage public parisien, ce serait, au contraire, de traiter certaines régions périphériques presque aussi généreusement que les quartiers du centre ; mais là, le luxe de lumière est fait pour contribuer à assurer la sécurité des passants. Ce n'est pas la faute de l'éclairage si ce but n'est pas toujours atteint.

En dehors des rares appareils à huile dont nous avons parlé et des lampes électriques dont nous nous occuperons bientôt, le nombre des appareils à gaz de tous modèles établis pour l'éclairage des voies publiques du Paris actuel, et celui des voies privées, dont le sol, au lieu d'être propriété communale, est celle de particuliers, s'élevait, en 1903, à 53 543.

L'éclairage à la charge de la Ville est fait par 49 543 appareils ; celui qui est remboursable par les particuliers, par 3 503.[1]

Ces appareils alimentent 55 450 lanternes, globes, verrines, renfermant un nombre égal de becs de gaz ou foyers de différents systèmes et de débits divers. Parmi les foyers ou becs à la charge du budget municipal, 35 168 sont en service permanent, c'est-à-dire allumés de la chute du jour à l'aurore ; 15 559 ne brûlent que jusqu'à minuit ou remplacent alors l'éclairage électrique ; et 989 se trouvent, momentanément ou définitivement, en cessation de service. Quelques-uns de ces derniers sont conservés comme motifs d'ornement architectural d'édifices ou d'avenues.

Pour l'aspect des appareils, Paris, qui a longtemps gardé une avance incontestable, n'a encore que peu à apprendre de l'étranger. Au point de vue purement décoratif et artistique, les appareils d'éclairage de nos voies publiques sont certainement supérieurs à ceux de Londres, où le côté utilitaire semble le seul envisagé, et même à ceux de Berlin, où les préoccupations esthétiques ont maintenant leur part.

Le système de l'incandescence est appliqué à la très grande majorité des becs de gaz du service public de Paris. Il n'y a plus que 2 650 brûleurs a becs papillon de l'ancien système, contre 49 000 à incandescence ; d'ici peu, la transformation sera entièrement achevée. La plus grande partie des becs de gaz des voies publiques ont un débit horaire de 100 litres ou de 150 litres. La lumière obtenue est suffisante et, avec les appareils à incandescence, quatre à cinq fois plus considérable que celle des becs papillon. Tout en augmentant notablement la lumière sur la voie publique, la Ville a diminué, en 1902, de 579 610 francs sa dépense de consommation du gaz.[2] On a calculé que les charges de transformation des appa-

---

1 La dépense de chaque appareil est par an de 98 francs pour le bec libre ou bec papillon (de 1 carcel 10), de 82 francs pour le bec à incandescence Auer ordinaire (de 6 carcels), et de 170 francs pour les becs à incandescence intensifs (de 18 carcels).
2 On évalue à 9 900 000 francs la dépense annuelle de la Ville de Paris pour ses diverses charges d'éclairage public et l'éclairage des édifices communaux, dont 2 850 000 francs de gaz consommé et 1 800 000 francs pour frais d'entretien des appareils à gaz de la voie publique ; le surplus concerne l'électricité, l'huile et les dépenses générales du service de l'éclairage.

reils ordinaires en becs à incandescence se trouvaient amorties en moins de quatre ans par l'économie obtenue.

Cette amélioration, partiellement réalisée en 1900, s'est développée au cours des années suivantes. Tout en réduisant notablement le cube du gaz consommé, elle a été avantageuse pour la Compagnie, ce qui semble paradoxal. Au lieu des anciens becs papillon, comptés à la Ville pour 110 litres à l'heure, qui étaient en majorité avant la transformation, on éclaire avec des becs à incandescence pourvus de rhéomètres à débit fixe, éprouvés avant leur mise en service. Or, afin d'éviter toute discussion avec les contrôleurs de la Ville, la Compagnie forçait d'environ un cinquième le débit des becs papillon, laissant la Ville bénéficier de 20 pour 100 du cube réellement brûlé, tandis qu'avec l'incandescence, la consommation réelle, réglée par les rhéomètres, correspond sensiblement à la quantité facturée à la Ville de Paris. Tout le monde y gagne.

Nous avons vu que le gaz doit être maintenu dans la canalisation sous une pression minima de 20 millimètres d'eau afin d'arriver aux brûleurs en quantité convenable ; mais la pression y est variable suivant l'altitude des quartiers, — les dénivellations sont beaucoup plus importantes à Paris qu'à Berlin ou à Londres, — et change aussi suivant l'heure de la journée. Tandis que la pression atteint à certaines heures 140 millimètres dans les conduites des quartiers hauts, elle redescend à 40 millimètres dans celle des quartiers riverains de la Seine. La pression la plus forte a lieu au moment de l'allumage général, à la chute du jour ; le minimum n'est donné que de minuit au lever du soleil. La Ville contrôle les pressions au moyen de 12 manomètres enregistreurs installés sur divers points de Paris.

Le nombre des communes suburbaines éclairées en vertu de traités spéciaux par la Compagnie parisienne du gaz était, au 1er janvier 1903, de 59.[1] Le prix du gaz destiné à l'éclairage public varie dans ces localités de 15 à 20 centimes le mètre cube. Pour l'éclairage privé et les usages domestiques, ce prix varie de 30 à 40 centimes le mètre cube.

---

1 Quarante-cinq de ces communes viennent de concéder à une nouvelle société, à partir de 1906, pour une durée de trente années, leur service du gaz. Ce contrat leur assure, dès le 1er janvier 1904, un abaissement de prix de dix centimes par mètre cube consommé, abaissement payé par la future exploitation.

L'emploi de l'incandescence n'est pas encore généralisé pour l'éclairage public dans la banlieue parisienne, où certaines parties n'ont encore qu'un éclairage rudimentaire, tant sous le rapport du nombre d'appareils que sous celui de la puissance lumineuse. Sur 12 340 appareils, il y en a 8 000 environ à incandescence.

Par rapport au mètre courant de canalisation en service, la quantité de gaz consommé est extrêmement différente dans chaque commune. A Saint-Mandé, qui est véritablement un faubourg extérieur de Paris, la consommation a été de près de 64 mètres cubes par mètre de canalisation, tandis qu'à Bagneux, qui est surtout un centre agricole et horticole, elle n'a été que de 4 m. c. 356.

Si les projets de démolition des fronts Ouest et Nord de l'enceinte fortifiée, une fois réalisés, entraînent l'annexion à Paris de quelques-unes des communes suburbaines, notamment de celles comprises dans la boucle de la Seine, la Ville aura, pour les mettre toutes, sous le rapport de l'éclairage, au niveau des arrondissements actuels, de très fortes dépenses à consentir.

L'éclairage public comprend, en dehors des voies publiques et promenades, les établissements municipaux. Le nombre des becs de gaz les desservant au 1er janvier 1903 s'élevait à 155 472, répartis soit dans les édifices dont l'éclairage est à la charge de la Ville, soit dans des établissements publics ou particuliers lui remboursant leur éclairage, soit dans des administrations payant directement leur gaz sur leurs budgets particuliers.

Pour la première de ces trois catégories, il a été payé en 1902, sur le budget communal, 817 409 francs, comme dépense non seulement de 62 582 becs de gaz, dont 26 564 à incandescence, mais aussi pour le gaz brûlé pour le chauffage, la ventilation et les moteurs. Par rapport aux années précédentes, une économie appréciable a été obtenue par la généralisation de l'incandescence. On espère en réaliser encore, grâce à l'installation de compteurs particuliers chez toutes les personnes logées à un titre quelconque dans un édifice public.

On se demandera pourquoi, si la situation de Paris, au point de vue de l'éclairage au gaz n'est pas inférieure à celle des autres capitales, les Parisiens ont, contre la Compagnie parisienne, manifesté une si vive hostilité ? C'est que le tarif imposé aux consommateurs, depuis une dizaine d'années surtout, leur a paru excessif, et excessifs également les frais accessoires qui s'ajoutaient, chaque mois, au prix de 30 centimes le mètre cube. La Compagnie parisienne n'a pas su ou n'a pas pu les diminuer à temps.

La même impopularité s'attache à tous les monopoles d'une longue durée établis d'après un tarif de vente maximum.

Les prix, au début, sont aisément admis par les contemporains de la naissance de la Compagnie ; mais ceux-là disparaissent, et la population, qui paie, cinquante années après, ces mêmes prix, se croit lésée en comparant le tarif subi aux prix de vente d'exploitations plus récentes.

Portées à la retentissante tribune du Conseil municipal par les élus des Parisiens, ces réclamations contre le prix du gaz se sont compliquées des revendications du personnel de la Compagnie et des divergences d'interprétation des clauses du contrat concernant la Ville. La Compagnie, qui, outre son obligation d'assurer le service public qu'elle exploitait, avait le devoir de défendre les intérêts de ses actionnaires, a peut-être apporté dans cette défense une raideur inutile. Tout cela a fini par créer, contre elle, en dépit des sommes considérables qu'elle apportait au budget, une telle antipathie que toutes ses offres en vue d'un nouveau contrat ont semblé vouées, par un sort fatal, à un échec.

Le prix de 30 centimes, que son contrat lui permet d'exiger jusqu'à l'expiration de sa concession, le 31 décembre 1905, a paru tellement insupportable au Conseil municipal que, pour devancer un abaissement de tarif, la Ville a pris à sa charge 10 centimes pour chaque mètre cube consommé et a décidé de payer, à la place de l'abonné, ces 10 centimes à partir du 1er janvier 1903. Cet allégement des charges des consommateurs de gaz coûtera à la Ville une somme énorme d'environ 80 à 90 millions de francs, que la future exploitation devra, au moyen d'une surtaxe de son prix de vente, de un centime et demi par mètre cube, rembourser à la Caisse municipale en trente-cinq ans.

Et cette dette préalable de la future exploitation, jointe aux exigences fiscales de la Ville et aux charges supplémentaires résultant des revendications du personnel, n'a pas été de nature à faciliter la solution de l'épineux problème que pose depuis deux ans l'expiration prochaine du contrat en vigueur.

L'éclairage électrique, public et privé, est assuré à Paris par six compagnies, exploitant chacune un secteur délimité, et par une usine municipale, desservant un espace assez restreint autour des Halles centrales où cette usine communale est installée souterrainement.

En dehors de cette usine des Halles centrales, qui donne lieu à une véritable exploitation commerciale, et qui fut installée, en même temps que la Ville donnait aux compagnies privées leur concession, la Ville de Paris a, pour le seul service public, une autre usine d'électricité à l'Hôtel de Ville et deux groupes électrogènes au parc Monceau et au parc des Buttes-Chaumont. Mais, alors que les six compagnies alimentent 1 238 000 lampes à incandescence et 17 000 lampes à arc, les diverses usines municipales ne desservent que 905 lampes à arc et environ 13 500 lampes à incandescence, ces dernières surtout destinées à l'éclairage des salons de l'Hôtel de Ville et des services municipaux.

On n'emploie que des lampes à arc pour l'éclairage des voies publiques ; les essais de lampes à incandescence n'ont pas donné d'assez bons résultats pour être poursuivis. Mais la plus grande partie des lampes à arc sont alimentées par les compagnies privées avec lesquelles le service de l'éclairage a passé des contrats. Sur environ 1 900 foyers électriques éclairant les voies magistrales ou les promenades publiques, les sociétés privées en fournissent 1 215 ; la totalité des lampes à incandescence de l'Hôtel de Ville, des services de la Préfecture de la Seine ou de la Préfecture de police sont alimentées par les usines municipales.

Les six sociétés parisiennes d'électricité n'ont, à elles toutes, qu'un capital de 50 millions de francs. Envisagée dans son ensemble, la situation de cette industrie est prospère. Pour le courant uniquement employé à l'éclairage, d'après un document officiel, le prix moyen de l'hectowatt serait entre 0 fr. 0 966 (secteur de la rive gauche) et 0 fr. 1 269 (secteur des Champs-Elysées). Il est assez difficile d'établir cette moyenne, car, suivant l'importance de la consommation, les sociétés font à leurs clients, sur leurs tarifs officiels, des rabais plus ou moins forts, parfois considérables. Le prix maximum indiqué dans le cahier des charges des concessions est

15 centimes ; mais il n'est jamais atteint.

Ces sociétés ne jouissent pas d'un monopole. Chacune a obtenu une simple concession de la Ville de Paris, concession dont l'origine remonte à 1889 pour trois d'entre elles, à 1890, 1893 et 1896 pour les autres ; toutes expirent vers 1908. Pour ces concessions, Paris a été divisé en surfaces ayant la forme de secteurs, afin que chaque concessionnaire desserve à la fois une portion du centre de la Ville et de la périphérie. Les autorisations laissaient à peu près toute liberté aux sociétés de s'installer à leur convenance et d'après les systèmes qu'elles préféreraient ; on ne les obligea qu'à placer tous les câbles dans le sol sans tolérer de transmissions aériennes.

A côté des sociétés d'éclairage électrique et des installations de la Ville, il existe à Paris un grand nombre d'exploitations particulières, quelques-unes très importantes ; un petit nombre est antérieur à la constitution des sociétés, les autres ont été créées depuis la concession des secteurs.

La puissance de ces installations est, au total, d'environ 18 000 kilowatts. Les gares, les théâtres, les grands magasins comme le Bon-Marché, le Printemps, les grandes maisons de commerce, les principaux hôtels, les usines ou manufactures importantes trouvent généralement économie à produire eux-mêmes l'électricité qui leur est nécessaire pour s'éclairer. Les installations de l'Opéra, du Bon-Marché, etc., existaient avant la création des compagnies d'électricité et ont incité les entreprises analogues à les imiter. Mais beaucoup de petits industriels parisiens ont suivi cet exemple et ont ajouté à leurs machines, mues par les moteurs à vapeur, à gaz ou au pétrole qu'ils utilisaient, le petit matériel nécessaire à leur éclairage électrique. On évalue de 55 000 à 56 000 chevaux-vapeur la force totale employée à Paris, par les compagnies des secteurs, par la Ville ou par les particuliers, à la production de l'électricité, sans y compter les usines spécialement destinées à la traction des chemins de fer, des tramways ou du Métropolitain.

Section III

La production du gaz et de l'électricité est, en général, assurée à Londres par des compagnies privées, qui, au point de vue de l'éclairage des voies publiques, considèrent les autorités locales uniquement comme d'importantes clientes, auxquelles il est nécessaire de faire les conditions les plus avantageuses, mais dont elles sont indépendantes.

L'industrie du gaz est entre les mains de six compagnies, dont trois, très importantes, desservent la plus grande partie de la ville ; les canalisations des autres petites compagnies, desservant plutôt les districts suburbains, ne fournissent du gaz que dans quelques quartiers excentriques, à Hammersmith, Wandsworth, Camberwell, etc.

Les trois compagnies principales sont *The Gas light and Coke Company* autorisée depuis 1810, *The South Metropolitan Company* autorisée depuis 1842 et *The Commercial Company* autorisée depuis 1847. Il n'y a aucune limite de durée pour les autorisations, de sorte que, au point de vue de l'amortissement des capitaux ou des frais de premier établissement, leur situation est fort différente de celle de nos compagnies françaises, préférable à celle qu'avait la Compagnie parisienne.

L'éclairage public des rues et avenues de Londres est assuré par les diverses autorités municipales : par la vieille municipalité traditionnelle, la *Corporation* pour la Cité de Londres, par les Conseils municipaux des bourgs qui forment la métropole, et enfin par le Conseil de comté. Ce dernier pouvoir ne s'occupe que de l'éclairage des quais de la Tamise et de quelques-uns de ses ponts, ceux qui ne sont dans l'attribution d'aucune des municipalités.

Le prix du gaz consommé pour l'éclairage public varie, suivant les traités passés avec les compagnies par les autorités locales, de 2 shellings 3 pence à 3 shellings 8 pence les mille pieds cubes ; quelques contrats stipulent un rabais de 2,50 à 5 pour 100 sur ces prix.

En général l'éclairage, bien que moins brillant sur nombre de points qu'à Berlin et surtout qu'à Paris, est suffisant. Il est luxueux dans le centre et dans l'ouest de la ville. Mais l'aspect des appareils, candélabres et lanternes, est très inférieur à celui des nôtres et à celui des becs de gaz berlinois.

Pour les voies publiques, les promenades et les parcs, le nombre des lanternes à gaz est, ensemble, de 88 380. La presque-totalité est alimentée par deux compagnies, la *Gas light and Coke* dessert 49 800 becs et la *South Metropolitan* en dessert 21 746 ; le surplus est réparti entre les autres compagnies, dont la mieux partagée n'a que 6 000 becs publics à alimenter et la moins favorisée à peine un millier.

Comme à Paris, le gaz livré doit posséder un pouvoir éclairant déterminé. L'intensité légale est de 16 bougies et elle est officiellement contrôlée, par le service chimique du Conseil de comté de Londres, au moyen de méthodes analogues à celles usitées au service de l'éclairage municipal de Paris. D'après ces relevés, en moyenne, le pouvoir éclairant est de 16,50 à 16,60 bougies, donc supérieur à celui du gaz de Paris pour un prix variant de 8 à 12 centimes suivant la paroisse ou le bourg.

Les prix de vente ne sont pas fixes, immuables comme à Paris. Les *acts* autorisant les compagnies stipulent, en outre du pouvoir éclairant du gaz, un prix de vente maximum ; mais, en fait, presque aucune compagnie ne vend à ce tarif maximum parce que leurs dividendes s'augmentent d'autant plus que les prix de vente qu'elles pratiquent s'abaissent davantage ; ces augmentations de dividendes, solidaires de la diminution des prix, sont réglées suivant une échelle mobile graduée. Ainsi, pour les deux sociétés *Gas light and Coke* et *Commercial* une augmentation de dividende de 1/4 pour 100 est admise pour chaque abaissement de prix de un denier par mille pieds cubes ; pour la *South Metropolitan* une augmentation de 1/10 pour 100 du dividende résulte d'une diminution de 1 denier par 1 000 pieds cubes. C'est là un excellent moyen de protéger le consommateur. Comme contre-partie, les tarifs peuvent être relevés en cas de renchérissement anormal du charbon.

Actuellement les prix facturés aux abonnés varient de 2 sh. 3 à 3 sh. 8 les 1 000 pieds cubes, alors que les tarifs servant de base à l'échelle mobile, ou imposés comme prix maximum, vont de 3 sh. 2 à 5 sh. 6.

La population de Londres fait un usage beaucoup plus fréquent du gaz que la population de Paris ; la différence du climat, la longueur plus grande des nuits d'hiver et des journées de brouillard, développent la consommation. Pour les classes pauvres, sur lesquelles le recouvrement des quittances pouvait présenter certaines difficultés, on a adopté, depuis quelques années, les compteurs à paiement préalable. Le consommateur glisse dans le compteur deux pence, et un déclic livre passage au volume de gaz correspondant. Il y a, dans les limites du Conseil de comté de Londres, 731 019 abonnés, dont 142 960 avec compteurs à paiement préalable. Les collecteurs passent à des périodes assez espacées et encaissent la recette après due vérification des pièces que contient le compteur.

L'emploi des manchons à incandescence est très généralisé, surtout depuis cinq à six ans ; mais si, dans les ménages d'ouvriers, on consomme, à côté du gaz, une quantité importante d'huile de pétrole, les lampes à pétrole de luxe sont encore moins admises qu'à Berlin, ou même qu'à Paris ; dans les salons des intérieurs aisés.

L'huile de pétrole est moins coûteuse à Londres qu'à Paris. Un rapport publié par la Chambre des communes indique qu'en 1902 le pétrole brut importé en Angleterre coûtait en moyenne 4 deniers 38 par gallon et que le prix de vente de l'huile de pétrole raffinée variait de 8 deniers et demi à 9 deniers et demi. C'est presque un tiers de moins qu'à Paris.

L'éclairage électrique est exploité à Londres par seize compagnies privées ; mais douze conseils de bourgs ont installé, pour l'éclairage public surtout, des usines d'électricité qui vendent du courant au public. Par comparaison avec Paris et relativement à la superficie des deux capitales, l'éclairage public à l'électricité est moins développé à Londres. Il n'y a, pour les voies publiques, quais, parcs et jardins, que 3 770 lampes à arc, dont le tiers à peu près est alimenté par les compagnies privées et les deux tiers reçoivent le courant des usines appartenant aux autorités locales.

Quand, après les essais de Jablokoff à Paris, l'éclairage électrique se perfectionna et s'introduisit à Londres, quelques théâtres, de grands hôtels et des magasins de nouveautés établirent des centres électrogènes particuliers, souvent à l'aide de moteurs à gaz. Mais, à l'inverse de ce qui s'est produit à Paris, la tendance générale est maintenant de se débarrasser de ces installations privées et de prendre le courant d'une compagnie ou d'un conseil de bourg. Les tarifs de ces derniers sont d'ailleurs excessivement bas et généralement inférieurs à ceux des compagnies. Ainsi le tarif le plus bas des bourgs (Stopney) est de 2 deniers 73 l'hectowatt-heure, alors que celui des compagnies *City Undertaking* est de 3 deniers 91. Le prix moyen de toutes les compagnies est de 4 deniers 58, tandis que le prix moyen des usines des paroisses ou bourgs est de 3 deniers 87. Comparés à nos prix, ceux de Londres sont inférieurs (variant de cinq centimes et demi à huit centimes quatre dixièmes), tandis que nous payons à Paris de 9 à 13 centimes l'hectowatt-heure pour l'éclairage, le tarif légal maximum est en Grande-Bretagne de 8 centimes l'hectowatt-heure.

On sait que l'intérêt des usines électriques est de pousser à la consommation du courant dans la journée, afin de régulariser autant que possible leur production ; elles favorisent généralement, par des tarifs plus bas, la consommation de jour, par exemple pour l'éclairage de cuisines, de caves, de sous-sols, etc. Dans ce dessein, certaines exploitations de Londres, la compagnie de la paroisse de Saint-Pancras par exemple, établissent chez les commerçants abonnés deux compteurs, répondant à deux tarifs différents. Tant que les magasins ou les devantures ne sont pas éclairés, le courant passe dans le compteur enregistrant au tarif réduit ; mais l'abonné, pour éclairer ses magasins ou sa devanture, doit, mécaniquement, faire passer tout le courant par l'autre compteur et, à partir de ce moment, payer l'électricité au tarif plein. Peut-être ce procédé ingénieux, appliqué à Paris, développerait-il la consommation diurne d'électricité.

Le gaz d'éclairage est fourni, à Berlin, soit par les usines de la municipalité, soit par celles d'une compagnie anglaise qui y est installée depuis 1826 et qui avait introduit vers la même époque l'industrie du gaz dans diverses villes d'Allemagne, notamment à Aix-la-Chapelle, Cologne, Francfort-sur-le-Main et Hanovre. Le traité devait expirer en 1904 ; la situation avait une certaine analogie avec celle en face de laquelle se trouve la Ville de Paris. La différence consistait en ce que, Berlin possédant depuis assez longtemps des usines à gaz municipales qui desservaient les nouveaux quartiers, on pouvait supposer que l'autorité communale, à l'expiration du traité avec une compagnie étrangère, se chargerait elle-même de la totalité du service du gaz. Aussi la surprise n'a-t-elle pas été médiocre quand on apprit, au commencement de 1901, que la compagnie obtenait une prorogation de concession de vingt-sept ans, portant son exploitation jusqu'en 1931. On peut supposer que la Ville n'a pas été fâchée d'avoir un contrepoids aux exigences exagérées de sa clientèle ou du personnel de son exploitation gazière.

Le réseau des canalisations des usines municipales s'étend dans toute la ville et alimente seul les quartiers neufs ; il dessert tout l'éclairage public. Dans les quartiers centraux, l'ancienne concession accordée par l'État à la compagnie privée dont nous venons de parler, permet à la clientèle le choix entre cette compagnie et le service municipal ; mais, dans ceux de la périphérie, le service municipal alimente seul l'éclairage particulier.

Le prix du gaz vendu par la ville est de 12 pf. 35 le mètre cube pour l'éclairage, la cuisine et la force motrice. La compagnie applique le même tarif. Au point de vue de l'aspect de la voie publique, la généralisation du bec Auer, jointe aux foyers à arc électrique dans les principaux quartiers du centre, donne un aspect des plus brillants à l'éclairage public. Suivant les besoins, on a pourvu chaque appareil à gaz de un, deux ou trois manchons pour l'éclairage courant, en multipliant ces manchons à incandescence pour les carrefours et pour les places où certaines lanternes ont jusqu'à dix et douze brûleurs.

Il faut noter que le brevet Auer n'a pas été reconnu en Allemagne, ce qui a considérablement abaissé le prix des becs et des manchons. On estime que le bec Auer à 100 litres ne dépense, tout compris, pas autant que le simple papillon à 150 litres, bien que donnant infiniment plus de lumière. La concurrence pour la fourniture des manchons a fait baisser le prix à environ 60 et 70 centimes par manchon.

L'habitude de munir les lanternes de deux ou trois manchons a un résultat fort heureux pour l'éclairage après minuit. On éteint un ou deux becs sur trois, et ainsi l'éclairage des rues est, après minuit, assuré dans des conditions bien préférables à celles de la plupart des rues de Paris, où l'on éteint une ou deux lanternes sur trois.

En 1902, les abonnés et l'éclairage public ont consommé 218 023 559 mètres cubes de gaz, dont 171 228 136 mètres cubes fournis par les usines municipales et 46 795 423 mètres cubes fournis par la compagnie privée. Au mois de mars 1903, le nombre des becs de gaz destinés à l'éclairage des voies publiques, places, ponts et promenades était de 31 000. L'entretien de ces appareils coûte 163 675 marks par an et leur mise en service exige 411 212 marks.

La ville ne tient pas compte dans son budget de la dépense de gaz pour l'éclairage public, qui est assuré gratuitement par ses usines municipales ; ces usines ont en outre 176 500 abonnés à desservir. Nous n'avons pu savoir le nombre des abonnés de la compagnie privée ; on l'a estimé devoir être d'environ 35 000.

La ville de Berlin est alimentée en électricité par deux puissantes sociétés : la maison Siemens et Halske, célèbre dans le monde entier et l'Allgemeine Elecktricitäts Gesellschaft. Ces deux entreprises, les plus puissantes de l'Europe, croyons-nous, ont ensemble obtenu, en 1899, une nouvelle concession qui prendra fin en 1915 et elles ont formé pour l'exploiter une société par actions, Berliner Elecktricitäts Werke, qui a l'obligation de fournir du courant à quiconque le demande, pour la force comme pour l'éclairage, dans un rayon de 30 kilomètres autour de l'Hôtel de Ville de Berlin. Les redevances à payer à la ville sont élevées : 10 pour 100 du montant brut des recettes et la moitié des bénéfices nets. Il est à peu près certain que la durée de la concession sera prorogée jusqu'en 1930.

Pour l'éclairage public, très peu développé du reste, la dépense, par suite des avantages particuliers consentis à la ville, ne revient qu'à 25 ou 30 pfennigs le kilowatt-heure, en comprenant dans ce prix la dépense de l'entretien des lampes à arc, ce qui équivaut à un peu plus de 3 centimes l'hectowatt-heure, soit plus de moitié de moins qu'à Paris. Le service de l'éclairage public considère que, l'incandescence par le gaz donnant, à bas prix, sans grandes dépenses de premier établissement, une lumière aussi intense qu'il pouvait le désirer, il peut réserver la lumière électrique, comme éclairage de grand luxe, à un petit nombre des voies magistrales. Il n'y a, en tout, que 576 lampes publiques à arc. La dépense de cet éclairage ne s'élève qu'à 269 000 marks par an.

Les particuliers consomment beaucoup d'électricité pour l'éclairage et aussi pour les moteurs. Jusqu'ici, le kilowattheure de courant pour l'éclairage coûtait 55 pfennigs ; mais, à dater du 1er janvier 1904, il ne coûte plus que 40 pfennigs. Pour les moteurs, le courant ne coûte que 16 pfennigs le kilowatt-heure, soit à peu près

20 centimes : on paye donc 2 centimes l'hectowatt-heure, prix infiniment moindre qu'à Londres et qu'à Paris ; aussi y a-t-il 7 300 électro-moteurs.

On n'a pu nous indiquer le nombre des abonnés pour la lumière de la Société berlinoise électrique ; mais on nous a déclaré que sa puissance actuelle d'alimentation était supérieure à 400 000 lampes de 16 bougies et qu'elle en desservait environ 330 000 à incandescence et 2 500 à arc. La situation financière de cette entreprise est bonne ; elle distribue de 10 à 13 pour 100 de dividendes, ce qui prouve que les tarifs très bas qu'elle pratique sont néanmoins rémunérateurs.

En dehors de l'électricité et du gaz, on consomme encore à Berlin, pour l'éclairage des habitations, une assez forte quantité d'huile de pétrole ; elle est évaluée à 75 000 kilogrammes par an. Nombre de ménages d'ouvriers ne brûlent encore que du pétrole, à cause de la modicité de la dépense.

Mais voici que les électriciens berlinois espèrent arriver bientôt à réaliser des installations électriques peu dispendieuses comme frais de premier établissement et à doter en même temps les logements ouvriers de lampes d'une consommation moitié moindre que celle des lampes usitées à présent. Ils veulent ainsi conquérir la clientèle ouvrière.

S'ils obtenaient ces résultats, leur procédé ne tarderait pas à s'étendre, et ce serait, dans toutes les grandes villes d'Europe, à Paris et à Londres comme à Berlin, une évolution mémorable des industries de l'éclairage. La lumière serait presque exclusivement demandée à l'électricité, tandis que le gaz, perdant son pouvoir éclairant et gagnant un pouvoir calorifique supérieur, ne servirait plus qu'au chauffage ou à la cuisine, et peut-être encore aux petits moteurs industriels. Théoriquement, tout cela n'a rien d'impossible ; mais nous croyons qu'il s'écoulera encore quelque temps avant la réalisation des espérances des électriciens.

ISBN : 978-1718719767

www.ingramcontent.com/pod-product-compliance
Lightning Source LLC
Chambersburg PA
CBHW030043230526
45472CB00005B/1655